AF499891

ASSOCIATION FRANÇAISE

POUR

L'AVANCEMENT DES SCIENCES

CONGRÈS DE NANTES

1875

M ____________________

PARIS

AU SECRÉTARIAT DE L'ASSOCIATION

76, rue de Rennes.

Association Française pour l'avancement des Sciences

M. LE Dr LÉTIÉVANT

Chirurgien des Hôpitaux de Lyon.

ESTHÉSIOGRAPHIE

— *Séance du 25 août 1875.* —

Je donne le nom d'*esthésiographie* à l'étude de la sensibilité à la surface du corps humain. — Ce nom devra, ultérieurement, se rapporter aussi à la description de cette propriété aux surfaces muqueuses et dans la profondeur des tissus.

Pour faciliter cette étude et la faire sur chaque nerf isolément, j'ai divisé la surface cutanée par districts, auxquels j'ai donné le nom de *départements.*

Chacun est rattaché aux centres nerveux par un nerf. Ce nerf, étant la source sensitive principale du département, lui donne son nom.

La surface cutanée du corps humain peut se diviser en 42 ou 44 districts :

9 pour le membre supérieur ;

11 pour le membre inférieur ;

5 pour la région dorsale du tronc ;

2 ou 3 pour la région antérieure du tronc ;

5 pour la région latérale du cou ;

10 pour la face ;

2 pour la nuque.

Les délimitations de ces départements sont assez nettement indiquées pour que l'on puisse, par des lignes, établir l'espace occupé par chaque nerf. — Les figures jointes à ce mémoire en donnent le tracé.

Je crois inutile de fatiguer l'attention des auditeurs par un exposé détaillé de ces lignes. Un coup d'œil sur les planches apprendra à les connaître beaucoup mieux que des pages de description.

Les quarante-quatre départements que je viens de citer ne se présentent pas tous avec les mêmes caractères.

Ils offrent une grande variété dans leur configuration, leur étendue, leurs qualités esthésiques.

La variété de configuration apparaît, si l'on compare le département ovoïde du mentonnier à la face, avec les départements trapéziforme ou triangulaire que présentent les cubital et médian à la main.

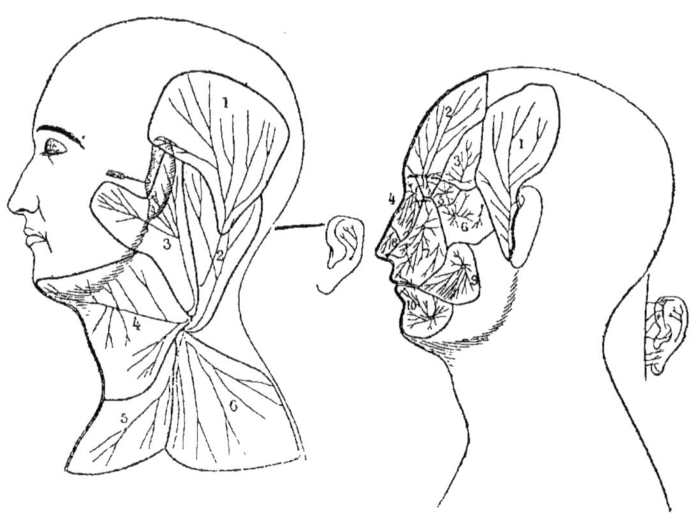

Fig. 97.

1 Dép' mastoïdien.
2 — petit mastoïdien.
3 — auriculaire.
4 — cervical transverse.
5 — sus sterno-claviculaire.
6 — sus acromio-claviculaire.

Fig. 98.

1 Dép' du nerf temporal superficiel.
2 — des nerfs frontaux.
3 — du nerf petit temporal superficiel.
4 — — nasal externe.
5 — — lacrymo-palpébral.
6 — — malaire.
7 — — sous orbitaire.
8 — — naso-lobaire.
9 — — buccal.
10 — — mentonnier.

Plus grande encore, la différence comme étendue, si l'on met en opposition le petit département naso-lobaire, qui ne représente que quelques centimètres carrés, avec le département du brachial-cutané-interne de l'avant-bras, qui mesure 360 centimètres carrés, avec celui du petit sciatique, dont les dimensions sont plus grandes encore.

C'est dans les qualités sensitives que l'on trouve les contrastes les plus frappants.

A l'extrémité des districts du médian et du cubital, dans certains points, la sensibilité tactile se mesure par deux millimètres d'écart.

Le naso-lobaire, les filets labiaux médians à la face perçoivent aussi deux millimètres d'écart entre les pointes de l'esthésiomètre. Ce sont là les points les plus exquis de la sensibilité tactile.

La sensibilité va graduellement diminuant par étapes successives de un ou deux millimètres aux deux départements cités de la main, tandis que c'est par cinq ou dix millimètres qu'elle se mesure aux autres départements de la face.

Au tronc et dans le reste des membres, elle va diminuant de plus en plus, et si quinze millimètres sont perçus aux départements les moins sensibles de la face, du cou, du membre supérieur et de quelques parties les plus extrêmes du membre inférieur, c'est quatre centimètres d'écart, puis cinq, puis six qu'il faut donner aux pointes de l'esthésiomètre pour qu'elles soient perçues comme sensation double dans les départements de la nuque, du dos, des lombes, des fesses.

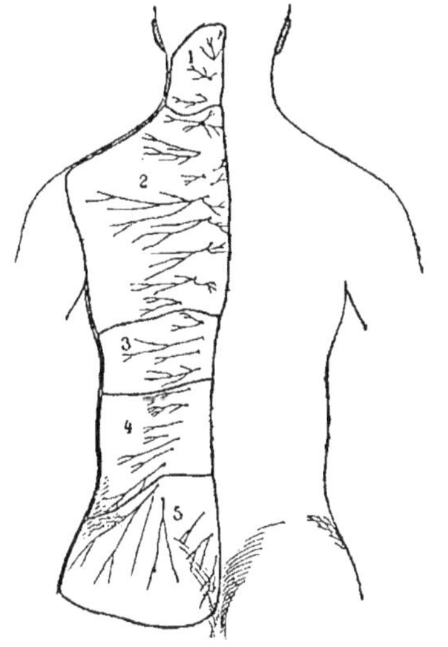

Fig. 99.

1 Dépt des 5 dernières paires cervicales.
2 — 8 premières paires thoraciques.
3 — 4 dernières paires thoraciques.
4 — abdominales.
5 — sacrées.

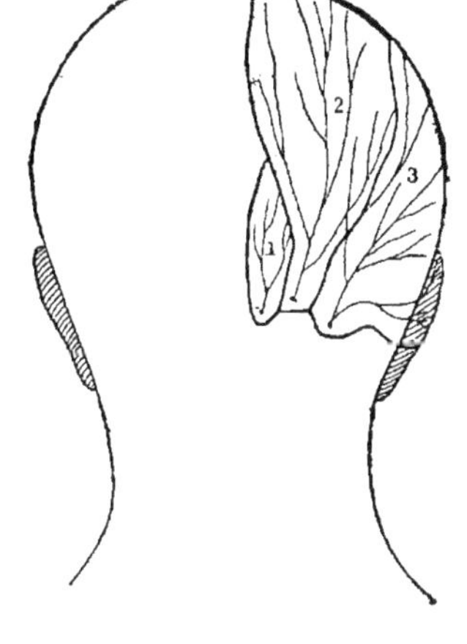

Fig. 100.

1 Dépt du rameau cutané de la 3e paire.
2 — de l'occipital d'Arnod.
3 — de la branche mastoïdienne du plexus cervical.

Une figure unique de tous les départements pourrait, par des teintes différentes et relatives aux mesures, représenter exactement la distribution tactile à la surface du corps humain.

La sensibilité à la douleur, à la température, est distribuée à la surface cutanée d'une manière toute différente de la sensibilité tactile.

On dirait que plus une région est douée de sensibilité tactile, moins elle l'est pour les sensations de douleur, de chaleur ou de froid.

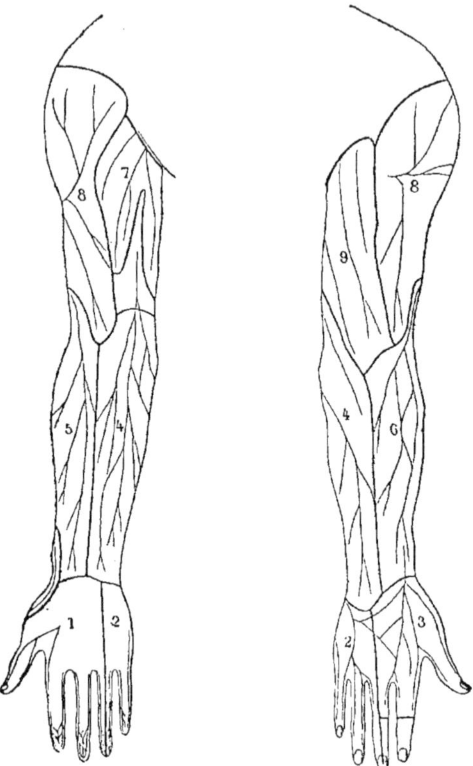

Fig. 100 et 101.

1 Dép' du nerf médian.
2 — cubital.
3 — radial.
4 — brachial cutané interne.
5 — musculo-cutané.
6 — cutané radial.
7 — accessoire de l'épaule.
8 — cutané de l'épaule.
9 — des perforants intercostaux.

Les pulpes des doigts (médian et cubital) supportent très-bien les piqûres. Une température de cent degrés les trouve quelquefois indifférentes; la glace n'agit pas immédiatement et douloureusement sur elles. Il en est de même des régions naso-lobaires et labiales médianes si exquises en tactilité.

Cette différence existe aussi frappante, mais dans le sens inverse aux départements des *quatre derniers thoraciques* et des *lombaires*. Ceux-ci, qui ne perçoivent que cinq à six centimètres d'écart à l'esthésiomètre, sont d'une telle impressionnabilité à la piqûre d'épingle, au contact de la glace ou d'un tube chauffé à 60°, que ces sensations se traduisent immédiatement par les protestations des sujets expérimentés.

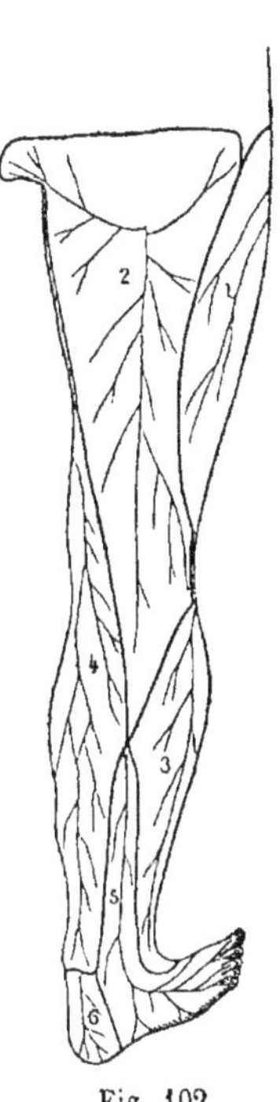

Fig. 102.

1 Dépt fémoro-cutané.
2 — cutané du petit sciatique.
3 — branche cutanée péronnière.
4 — branche postre saphène interne.
5 — saphène externe.
6 — cutané plantaire tibial postr.

Fig. 103.

1 Dépt plantaire interne.
2 — — externe.
3 — cutané plantaire du tibial postr.
4 — saphène externe.

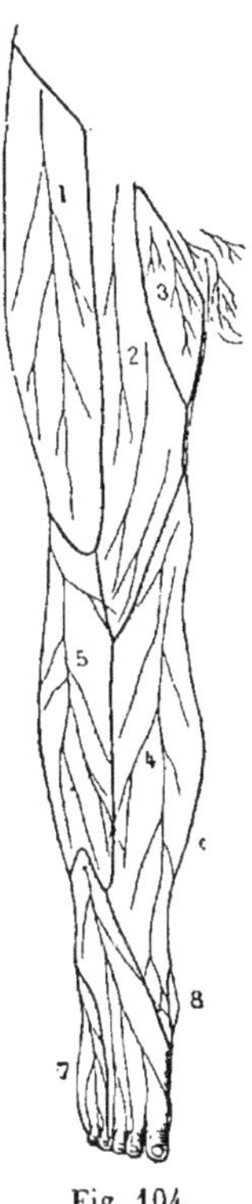

Fig. 104.

1 Dépt du fémoro-cutané.
2 — des trois perforants.
3 — de la petite musculo-cutané.
4 — du saphène interne.
5 — de la cutanée péronnière.
6 — du musculo-cutané.
7 — de la saphène externe portion dorsale.
8 — cutané plantaire du tibial postr.

Je ne fais que signaler ces grandes lignes de distribution sensitive à la surface du corps humain, ne voulant que tracer l'esquisse de la question et provoquer de nouvelles recherches à son propos. Je tiens d'ailleurs en note les détails de mes expériences sur la sensibilité de chaque département. L'exposition de ces détails serait ici fastidieuse.

Cette division par département de la sensibilité du corps humain me paraît importante :

1° Parce qu'elle permettra ultérieurement une étude plus facile de la sensibilité physiologique de chaque région.

Elle pourra servir de règle pour l'appréciation des sensibilités pathologiques.

2° Ces tracés esthésiographiques consultés, indiqueront rapidement au médecin le nerf qui influence la région atteinte par une lésion traumatique ou autre, jouant un rôle morbigène ou incitateur vis-à-vis des centres nerveux : condition favorable et qui décidera parfois du mode d'intervention chirurgicale applicable.

Tout en accordant une importance extrême à ce mode d'envisager la distribution géographique de la sensibilité, il faut cependant y apporter quelques réserves ; car la nature, merveilleuse dans sa prévoyance, a voulu, pour le système nerveux, créer des voies collatérales comme pour les systèmes veineux, artériels et autres.

Il est bien vrai qu'un nerf influence surtout chacun des départements signalés dans cette communication ; que, lui détruit ou divisé, le trouble de la sensibilité est profond dans son département. Mais l'insensibilité n'y est pas absolue.

Les relations anastomotiques de chacun des départements expliquent ces phénomènes.

De petits filets nerveux, situés sur les limites des départements, envahissent souvent le territoire de l'un ou de l'autre ; il en résulte une sorte de zone territoriale frontière qui est commune aux deux.

On voit aussi quelquefois des filets plus gros pénétrer plus avant, fort avant même, dans un département voisin ; ainsi le médian est pénétré par des filets du cubital ; le musculo-cutané, par quelques-uns venus du brachial cutané interne ; les départements de la face, par quelques anastomoses venues du plexus cervical. De sorte que, si l'on peut dire que les divisions esthésiographiques sont très-nettes et très-réelles, il faut cependant faire une réserve pour ces exceptions que l'étude des relations réciproques des départements entre eux nous fait découvrir.

Les rapports de proximité de quelques départements et l'influence de cette proximité vis-à-vis de certains faits de sensibilité, sont encore des points à signaler. Deux départements sont voisins ; ils se touchent ; ils sont séparés par un espace insignifiant, comme à la main, à la face ; l'ébranlement produit sur l'un pourra retentir sur l'autre. En supposant le premier tout à fait anesthésié, le voisin sera capable encore d'apprécier l'ébranlement qui se produit sur le premier.

L'esthésiographie doit tenir compte de tous ces faits. Mais si ces adjuvants de la sensibilité sont destinés à assurer, par suppléance, cette propriété si importante, il n'en est pas moins vrai qu'il faut considérer comme capitale la notion du nerf sensitif principal d'un département et de son influence prépondérante.

En cas de section nerveuse à pratiquer, c'est à lui surtout que l'on devra s'adresser, à moins que par une exploration spéciale l'opérateur n'ait reconnu (cas infiniment rare) un filet anastomotique venu du voisinage, comme l'organe coupable de la transmission morbigène.

Nantes. — Imp. Vincent Forest et Émile Grimaud, place du Commerce, 4.

TABLEAU DES DIFFÉRENCES DE SENSIBILITÉ DANS LES DÉPARTEMENTS DE LA SURFACE CUTANÉE DU CORPS HUMAIN

MEMBRE SUPÉRIEUR

DÉPARTEMENTS	SENSIBILITÉ TACTILE	SENSIBILITÉ A LA DOULEUR	SENSIBILITÉ A LA TEMPÉRATURE
Médian	Face ant. des 3es phalanges 2 mill.	Faible aux points les plus sensibles à la douleur.	Perçue mal et avec lenteur surtout aux dernières phalanges. — Occupe le dernier rang dans les départements du membre supérieur comme sensibilité à la température.
	— des 2es — 4 —		
	— des 1res — 5 —		
	Racine des 3 premiers doigts 6 —		
	Éminence thénar 7 à 8 —		
	Dans le fond des plis du creux de la main 8 —		
	Face dorsale des 3es phalanges 3 —		
	— des 2es — 5 —		
Cubital	Face ant. des 3es phalanges 2 —	Faible.	Faible.
	— des 2es — 4 —		
	— des 1res — 5 —		
	Racine des doigts 6 —		
	Éminence hypothénar 7 —		
	Bord int. du métacarpe 6 —		
	Face dorsale des 3es phalanges 3 —		
	— des 2es — 5 —		
Radial	Face dorsale des premières phalanges 10 —	3e rang pour la sensibilité à la douleur dans les départements du membre supérieur.	Occupe le 4e rang comme sensibilité à la température.
	— de la région métacarpe 11 à 12 —		
Brachial cutané interne	Partie inférieure 10 —	Très-accusée.	2e rang comme sensibilité à la chaleur.
	Au 1/3 moyen 15 —		
	Au 1/3 supérieur 20 —		
Musculo-cutané	Partie inférieure 10 —	Très-accusée. — C'est avec le précédent le maximum de sensibilité à la douleur, dans le membre supérieur.	
	Au 1/3 moyen 15 —		
	Au 1/3 supérieur 20 —		
Cutané radial	Partie inférieure 10 —	3e rang dans la sensibilité à la douleur.	Maximum de sensibilité pour la glace. 4e rang pour la chaleur.
	Au 1/3 moyen 15 —		
	Au 1/3 supérieur 20 —		
Cutané de l'épaule	Partie moyenne et inférieure 30 —	4e rang dans la sensibilité à la douleur.	Maximum de sensibilité pour la glace. 3e rang pour la chaleur.
Perforants intercostaux	Partie moyenne et inférieure 30 —	5e rang dans la sensibilité à la douleur.	
Acromiale	Partie moyenne et inférieure 30 —	2e rang comme sensibilité à la douleur dans le membre supérieur.	Maximum de sensibilité au bras pour la chaleur.

MEMBRE INFÉRIEUR

DÉPARTEMENTS	SENSIBILITÉ TACTILE	SENSIBILITÉ A LA DOULEUR	SENSIBILITÉ A LA TEMPÉRATURE
Plantaire interne	Pulpe des orteils 10 mill.		Très-peu de sensibilité à la chaleur et au froid.
	Le reste du département 13 à 15 —		
Plantaire externe	Pulpe des orteils 10 —		Id.
	(Un peu moins à celle du 4e orteil).		
	Le reste du département 13 à 15 —		
Cutané plantaire	Région antérieure 10 à 15 —		Id.
	Région postérieure-talon 18 à 20 —		
Saphène externe	A la plante { Région ant. 13 à 15 —		
	A la plante { Région post. 18 à 20 —		
	Sur le dos du pied { extrémité du petit orteil 9 —		
	Sur le dos du pied { en arrière 10 —	1er rang de sensibilité à la douleur dans le membre inférieur.	
	Sur le dos du pied { plus en arrière 13 —		
	A la jambe 25 —	2e rang.	
Musculo-cutané	Au dos des orteils 10 mill.		Très-peu de sensibilité à la chaleur et au froid.
	Au dos du pied 13 à 15 —	1er rang.	
Saphène interne	Au pied 13 à 15 —		
	A la jambe { partie inf. 25 —	2e rang de sensibilité à la douleur.	
	A la jambe { tiers sup. 40 —		Chaleur mieux perçue.
Cutané péronier	A la jambe, partie infér. 25 —	2e rang.	Glace très-bien perçue.
	tiers sup. 40 —		
Petit sciatique	30 à 40 —	Très-peu de sensibilité à la douleur.	Chaleur perçue médiocrement.
Fémoro-cutané	40 à 45 —	Très-peu.	Glace très-bien perçue.
Les 3 perforants	30 —	3e rang.	Chaleur perçue assez bien.
Petit musculo-cutané	40 —	4e rang.	Id.

RÉGION POSTÉRIEURE DU TRONC

DÉPARTEMENTS	SENSIBILITÉ TACTILE	SENSIBILITÉ A LA DOULEUR	SENSIBILITÉ A LA TEMPÉRATURE
5 paires cervicales	40 mill.	Sensibilité très-grande à la douleur.	
8 paires thoraciques	60 —	Très-grande.	
4 dernières paires thoraciques	62 —	Très-grande.	Très-grande sensibilité à la glace.
Les lombo-abdominales	40 —		Glace sentie très-douloureusement. C'est dans ce département et le précédent qu'est le maximum de sensibilité à la température pour toute la surface du corps.
Les sacrées	40 —		Moins grande.
	A la région fessière 52 —		

RÉGION CERVICALE

DÉPARTEMENTS	SENSIBILITÉ TACTILE	SENSIBILITÉ A LA DOULEUR	GLACE	CHALEUR
Cervical transverse	20 mill.		Sensibilité assez grande.	
Auriculaire	Face int. de l'oreille 10 —		Grande.	Sensibilité assez grande.
Mastoïdien	20 —		Grande.	
Sus-sterno-claviculaire	Partie inférieure 20 —	Plus sensible.	Grande	Très-grande
Sus-acromio-claviculaire	Partie inférieure 20 —	Id.	Id.	Id.

RÉGION DE LA FACE

DÉPARTEMENTS	SENSIBILITÉ TACTILE	SENSIBILITÉ A LA DOULEUR	GLACE	CHALEUR
Temporal superficiel	15 mill.		Grande sensibilité.	Assez bien.
Frontal	Ligne médiane 5 —		Assez grande.	Assez bien.
	En dehors 10 à 12 —			
Nasal externe	Dos du nez 5 —	Peu.	Assez grande.	
	Latéralement 10 —			
Lacrymo-palpébral	10 —		Id.	Assez bien.
Malaire	15 —			
Sous-orbitaire	Milieu de la lèvre supérieure 2 —	Peu.	Peu	
	Reste de la lèvre 3 —	Peu.	Peu.	
	Reste du département 10 —			
Naso-lobaire	2 à 3 —	Peu.	Peu.	Peu.
Buccal	Commissure labiale 4 —		Assez grande.	Assez bien.
	En dehors 10 à 12 —			
Mentonnier	Milieu de la lèvre inférieure 2 —	Peu.	Peu.	Peu
	Reste de la lèvre 3 —	Id.	Id.	Id.
	Latéralement 10 —			
Occipital d'Arnal	40 —			Peu.

NOTA. — Ces chiffres, moyenne de plusieurs recherches, sont susceptibles de modifications en rapport avec les âges, les sexes, les individus.

ASSOCIATION FRANÇAISE

POUR L'AVANCEMENT DES SCIENCES

EXTRAIT DES STATUTS ET RÈGLEMENT

VOTÉS PAR L'ASSEMBLÉE GÉNÉRALE DU 27 AOUT 1874.

STATUTS.

ART. 4. — L'Association se compose de membres fondateurs et de membres ordinaires : les uns et les autres sont admis, sur leur demande, par le Conseil.

ART. 5. — Sont membres fondateurs les personnes qui auront souscrit, à une époque quelconque, une ou plusieurs parts du capital social : ces parts sont de 500 francs.

ART. 7. — Tous les membres jouissent des mêmes droits. Toutefois les noms des membres fondateurs figurent perpétuellement en tête des listes alphabétiques, et les membres reçoivent gratuitement pendant toute leur vie autant d'exemplaires des publications de l'Association qu'ils ont souscrit de parts du capital social.

RÈGLEMENT.

ART. 1er. — Le taux de la cotisation annuelle des membres non fondateurs est fixé à 20 francs.

ART. 2. — Tout membre a le droit de racheter ses cotisations à venir en versant une fois pour toutes la somme de 200 francs. Il devient ainsi membre à vie.

La liste alphabétique des membres à vie est publiée en tête de chaque volume, immédiatement après la liste des membres fondateurs.

Les souscriptions sont reçues :

AU SECRÉTARIAT, 76, rue de Rennes;

Chez M. MASSON, *trésorier,* 17, place de l'École de Médecine.

Les souscriptions des membres fondateurs peuvent être versées en une seule fois, ou en deux versements de chacun 250 francs.

Nantes. — Imp. Vincent Forest et Emile Grimaud, place du Commerce, 4.

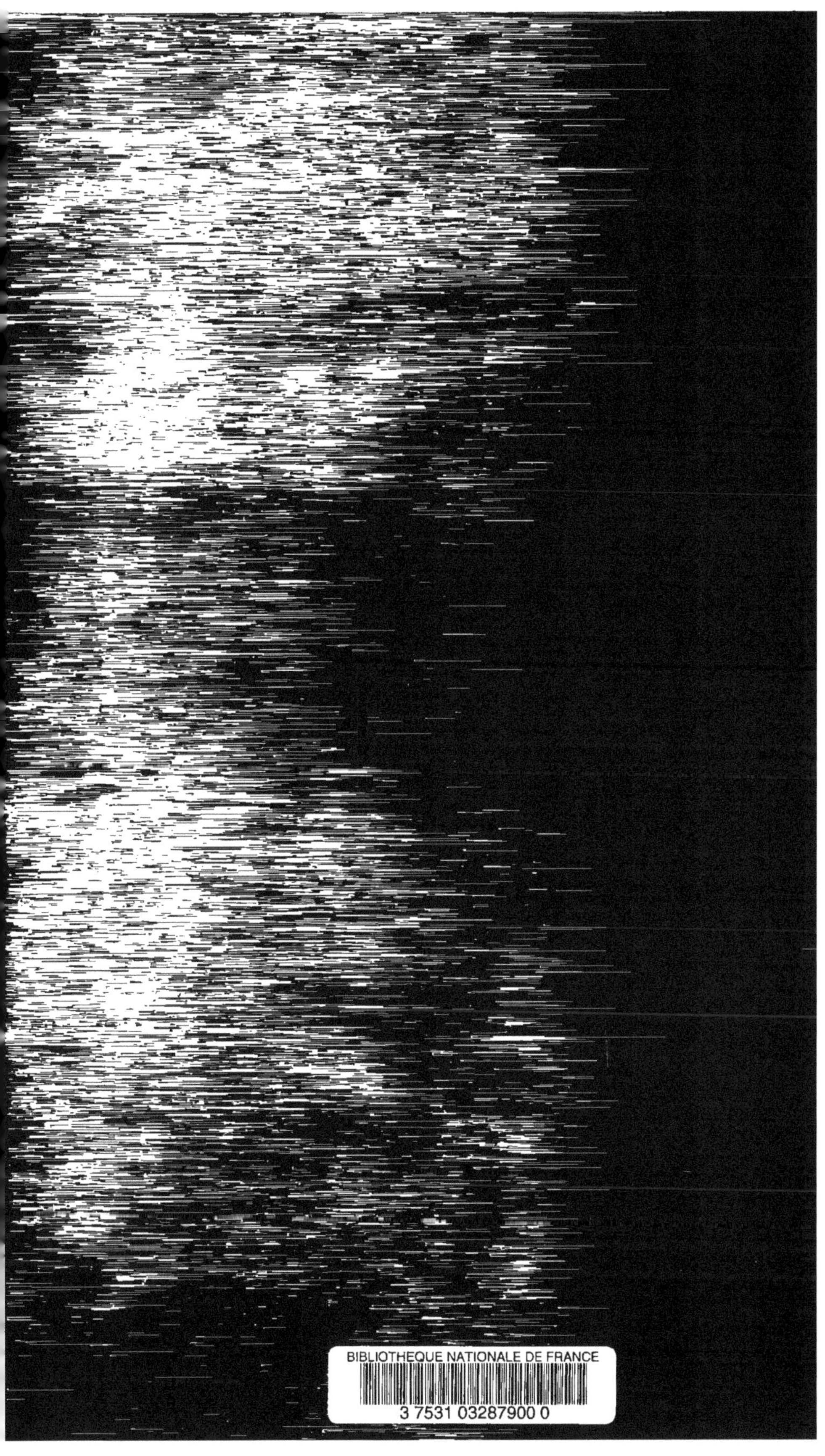

www.ingramcontent.com/pod-product-compliance
Ingram Content Group UK Ltd.
Pitfield, Milton Keynes, MK11 3LW, UK
UKHW012311240726
13966UKWH00005B/1812

9 782012 488977